仰望天空的少年，
天空不再遥远。

王燕平 张超 著　　陈日红 绘

仰望天空的少年

去北方看雪

北京科学技术出版社
100 层童书馆

序 从一次仰望开始

对于星空的记忆，人人皆有不同。若粗略进行划分，无外乎有两种。

第一种是成长于乡村的孩子，他们大多对家乡的星空有着深深的眷恋，即便后来游历四方，看过数不胜数的景致，依然认为儿时在家中院落所见，才是此生最美的星空。第二种是从小生活在城市里的孩子，儿时对星空没有太多概念，直到成长中一次偶然的相遇，看见超乎想象的满天繁星。

对前者来说，星空早已化为乡愁；对后者来说，星空则是偶然窥知新世界的满心欢喜。心境各异，殊途同归。从此，有事没事，都喜欢抬头仰望。我即是如此，从一次仰望开始，对天空的迷恋便一发而不可收。

如今，我家有一个少年。

一天傍晚，我们俩走在路上，望见西边天空渐渐涌起不少云，我临时兴起，决定和少年蹲守一场日落。我们骑车奔行二十多分钟，找到一处视野开阔的天桥。跑上天桥的那一刻，太阳将要没入远山。桥上聚集了三十多人，面朝西面偏北的方向，高举手机，齐刷刷地向着落日拍照，不时发出赞叹"哇！""太美了！""今天的晚霞能上热搜！"

落日附近，几分钟前还散发着锐利金光的云，此时变成了一片橙红的海洋。云层映着霞光，变幻着色彩，像谁打翻了天空的调色盘。随着时间的流逝，太阳在远山后落得越来越低。西北方，一大片云已经变成了深蓝色，只有紧贴山影处还残留着一道浅橙色。

拍照的人群散去，一位支着三脚架和相机的人还待在原地。两个中年人由桥上走过，其中一人瞥了眼三脚架上的相机，抬头望了望，嘀咕了一句"有什么好看的吗？"，便下桥离开了。

是啊，天空有什么好看的吗？我趁机问身旁的少年。

"晚霞很好看啊。看的时候，时间都变慢了呢。"他不假思索地说。我正打算借题发挥，他忽然兴奋地说："太阳落下时，一架飞机从那边飞了过去。你看没看见……"随即讲起他最近着迷的飞机，直到进家门时，他还意犹未尽。

我对看云的兴趣，是从什么时候开始的呢？

　　记得十岁左右时，我经常爬上自家平房的屋顶，看云彩在天空上演"动画片"。停电的夜晚，我会搬个小板凳，坐在院子里，看乌云从月亮前疾速地掠过。年少看云，只是因为好看好玩。但有一回却不同，那是1997年初夏的一天，半下午时，我无意间抬头望天，却发现头顶正上方，有一截色彩异常鲜艳的彩虹。那是什么？我既惊喜又诧异，为此疑惑了许久。

　　后来，我学了天文学专业，接触了一些气象学知识，才知道那是一道漂亮的环天顶弧，是太阳光照射到高空中无数微小的冰晶上形成的光学现象。年少时的疑惑终于找到了原理和出处。多年谜题揭晓的时刻，心里真是十分开心。

　　我自知对小冰晶毫不陌生，它们如果越长越大，落到地上，不就是雪嘛。但很快我的这一粗浅认知就被国外一位做引力波研究的教授打破了！我看到他借助显微镜拍摄的雪花照片，令人叹为观止，并且每一张都独一无二！从前书里读到过"世界上没有两片完全一样的雪花"，在那一刻，理解了它的真正含义。

天空就这样，带给我越来越多不期而遇的惊喜。我也逐渐了解到，壮观的天象和其中蕴含的奥秘，曾触发过许多伟大发现的故事。《去天文台看星星》中的法国天文学家查尔斯·梅西叶，因为14岁时看到一颗明亮的彗星，后来成了彗星猎人，并最终编制出著名的梅西叶星表；《去山野间看云》中的英国人约翰·康斯太勃尔，以描绘瞬息万变的天空和云彩，成为独树一帜的风景画家；《去北方看雪》中的威尔逊·本特利，十几岁萌发对雪花微观结构的兴趣，之后拍摄雪花显微照片数十年，被后世尊称为"雪花人"。

从偶然的相遇到长久的坚守，兴趣因何长久？好奇心，探索欲，艺术之美的感召，科学发现带来的挑战……每个人都会在其中找到自己的答案。

《仰望天空的少年》这套书是讲给少年的科普故事。三册书的主题分别为星空、云彩和雪花，我们与它们的相遇，就从一次仰望开始。阅读本书的少年，它们会在未来触发你怎样的故事呢？

目录

第一章

下雪了

到底什么样的雪才是鹅毛大雪呢?

1

冬季到北方来看雪

经过两个多小时的飞行，飞机终于开始下降，寒星的心也变得格外激动。这次寒星一家飞行的目的地是妈妈的故乡，那里一到冬天就会变成白色的世界。第一次来的时候，寒星才两岁多，如今一转眼，小学都过半了。

寒星正畅想着接下来的这些天要玩些什么时，坐在前排的影月从座椅和舷窗间冒出脑袋喊他：

"哥哥，快看雪山！"

寒星趴在舷窗上向外望去，那些美丽的雪山，他从前已经看过好几回了，没想到这次的景象与以往完全不同。积雪覆盖的高山仿佛笼罩在一片浅紫色的云气里，山尖则在阳光的映照下变成了红色。

"哇！"寒星情不自禁地发出一声惊叹。怪不得妈妈常说太阳光会变魔法呢。

　　这会儿，妈妈正坐在前排的妹妹旁边，爸爸则挨着寒星坐在后面一排。一家四口坐飞机出行时，妈妈总会这样选座位，目的是让大家"好好欣赏空中风光"。爸爸妈妈各自带着相机，中途遇到好看的云或者什么光学现象，就把相机贴到飞机玻璃上拍下来。这不，影月耳边又响起了"咔嚓""咔嚓"的快门声。

　　"妈妈，还有几分钟落地呀？"影月一边看着窗外一边问。

　　"快了，等你看到地面的房子，就差不多到啦。"

　　睡了大半程的影月，这会儿精神头十足，她扭头隔着座椅缝儿和哥哥小声地聊起了天。没一会儿工夫，他们俩就注意到，一大片房屋和道路开始在地面上显现出来。

"看见房子啦！"影月喊道。

飞机落地滑行，慢慢停了下来，乘客们开始从行李架上取行李。影月盯着跑道外的积雪，扭头问寒星：

"哥哥，你说这次会下几场雪呢？""哥哥，这一次堆个比上次更大的雪人吧！""哥哥，我长大了有劲儿了，雪橇是不是该轮到我拉了？"

寒星听着妹妹连珠炮似的提问，逗她说："没问题！我看你这个红围巾挺好看的，咱们堆完雪人，就把围巾送给它吧。"

"那可不行！还是送你的吧。哼！"

"你们俩是继续讨论围巾的事儿，还是准备下飞机？"一旁的爸爸发话了。

兄妹俩这才发现，光顾着说话，机舱里已经没剩几个乘客了。他们赶紧背上自己的背包，跟着爸爸妈妈往外走。

寒星和影月远远就看见了等候在外面的姥姥。等爸爸妈妈取完托运的行李，他们俩就迫不及待地朝姥姥跑去。

"姥姥！"

"姥姥！"

姥姥的腿脚已经不像几年前那么利落了，但她坚持要来接机。每回见面，孩子们做的第一件事，就是抢着给姥姥一个大大的拥抱。

"哎哟！哎哟！"姥姥和孩子们抱在一起，乐得合不拢嘴。

"走喽！姥爷已经包好饺子，就等下锅了。"姥姥开心地说。

影月像忽然想起了什么，仰起小脸问："姥姥，明天会下鹅毛大雪吗？"

2

鹅毛大雪

寒星和影月都清楚地记得，影月第一次来的那年，姥姥接机时跟他们说的话："明天呀，会下一场鹅毛大雪！"

到底什么样的雪才是鹅毛大雪呢？那时他们俩还不曾亲身体会过。他们住的城市，冬天也会下雪，但下得不多，下得也不大。下雪的时候，路上有很多行人打伞。有时雪落在伞上是湿乎乎的一团，让伞变得很沉；有时雪落在伞上发出噼里啪啦的声响，就好像下的不是雪，而是一粒粒的白砂糖，刚一碰到伞就迅速弹开了。

妈妈说下什么样的雪是由环境的温度和湿度决定的。干冷的环境容易形成小小的六边形雪花。如果不太冷，并且空气湿度合适，雪花会长出很多枝丫，每片都很大个，而且还有花纹。妈妈说她小时候，故乡的冬天经常会下鹅毛大雪。

　　不难理解，鹅毛大雪就是像鹅毛一样大团大团的雪花。如果用袖子接住几团仔细观察，会发现它们是由很多单片的雪抱在一起从天而降形成的。

　　单片的雪，即单个的雪花晶体，严格来说叫雪晶。平时我们说的"雪花"，指代非常宽泛，既可以指单个的雪晶，也可以指一簇一簇地聚在一起的雪晶，还可以指从天空飘落下来时碰到一起的若干雪晶。

影月第一次到姥姥家来的第二天，天空真的下起了鹅毛大雪。影月穿着米色羽绒服，雪落在上面像点缀了天然的装饰图案。寒星的羽绒服是黑色的，他将手臂并拢在一起接了一会儿雪，兄妹俩凑近一看，每一团"鹅毛"都是好多大片雪花交错在一起。寒星戴着手套捧了一大捧雪，咦？怎么这么轻？完全感觉不到重量。他以前也玩过雪，但从没觉得这么轻过。

　　寒星抓起一团雪，居然毫不费力。他开始在小区花圃旁边的台子上滚那团雪，不知为什么，台子上的雪很容易粘起来，小小的雪球很快就越滚越大，直径已经超过了台子的宽度。寒星不得不把雪球滚下来，影月跑过来帮他一起推着雪球往前滚。

　　"哥哥，再滚个小点儿的雪球吧，摞在一起，不就可以做成雪人啦！"寒星还记得影月一边滚一边兴奋地嚷着。

要不是妹妹提醒，寒星恐怕还沉浸在"滚呀滚呀滚雪球，滚个超级大雪球"的乐趣中，早把要堆雪人这事儿忘到脑后去啦。那是他第一次发现，滚雪球是这么容易的事。以前在自己居住的城市，想捏个小雪球都需要很使劲，但还是容易变得松散，想滚个大雪球更是难上加难。

"就滚这么大吧，"寒星恋恋不舍地停下来，"滚雪球太好玩了！"只是想到要是雪人的身子滚得太大，等做完雪球的大脑袋，他可就抱不上去了。

第二个雪球也滚好了，兄妹俩一起把它搬到雪人身子的大球上。哎呀，可惜没带道具，这个雪人既没有帽子围巾，也没有胡萝卜鼻子。他们俩从路边的松树下捡了一些松针、小松果和石子，勉强给雪人做了眼睛、鼻子和嘴巴。

俩人正忙得热火朝天的时候，爸爸下楼来了。他一见雪人就说："哎哟，你们俩可真能干哪！居然做出这么大个的雪人！"

　　"爸爸，为什么这里的雪这么容易就能滚出大雪球呀？"寒星不解地问。

　　"这个嘛，你们用袖子接一些雪，仔细看看。"

　　"看过了！雪花都抱团啦。"影月抢着说。

　　"哈哈，祝贺你们，遇到了堆雪人的绝佳材料！"

　　那一次的姥姥家之行给寒星和影月留下了非常难忘的记忆，尤其是北方的鹅毛大雪，还有兄妹俩一起堆的那个大雪人！

3

雾凇与冰花

当又一次在机场听到影月说起鹅毛大雪的时候，姥姥禁不住大笑起来："明天，明天呀，等你们起床后看看有什么惊喜吧！"不知道为什么，在影月的心中，姥姥就像是有着神奇超能力的魔法婆婆，每当姥姥说"有惊喜"时，就一定会有惊喜出现。这天晚上，影月和寒星怀揣着无比的期待，早早睡下了。

第二天早上，天刚亮，寒星醒了一次，他望了一眼窗外，奇怪，今天什么天气呀？整个窗玻璃看上去都变成白色的了。他看了一眼表，时间还早，就又迷迷糊糊地睡了过去。

再次醒来时，寒星还以为之前的记忆是梦里的景象，因为天空已经彻底放晴了。他穿好衣服，准备开个窗户缝儿通通风，呼，一股扑面而来的冷空气让他打了个哆嗦，好冷啊！

寒星趴在窗边朝楼下看，并没有下雪，但楼下所有的树都变成白色的了！寒星飞快地冲到客厅，嚷道:"妈妈,影月起床了吗？外面变成童话世界啦！"

　　妈妈正在和姥姥准备早饭，看到寒星兴奋的样子，便说:"你去叫妹妹起床吧。吃完早饭，咱们去童话世界转转。"

　　半小时后，兄妹俩和爸爸妈妈一起下楼。外面虽然冷，空气却格外清新。

　　"今天虽然没下鹅毛大雪，但有雪绒树。姥姥说对了，真有惊喜。"影月说。

　　"哈哈，雪绒树！你造的这个词有意思。"妈妈大笑着说。

　　真壮观啊！楼下所有的树枝都被包裹了一层白色的、绒绒的东西。

　　"这个呀，叫雾凇。"爸爸说。

　　"咦？看来早上我没有在做梦。天刚亮的时候，我看见窗玻璃整个变白了，难道那会儿有雾？"寒星赶紧问。

"是呀，那会儿雾还没散呢。充足的水汽，再加上今天温度低，没有风，就会出现这些雪绒树。"

"电线也变成绒绒的啦！"影月像发现了新大陆，东跑西颠，不住地东张西望。

"如果咱们再早点儿来看，还能看到朝阳把一些雾凇染成红色哪，就像你们在飞机上看到的山尖那样。"妈妈又说了一句让孩子们产生期盼的话。不过，兄妹俩早有经验了，知道这样的期盼在之后一定会实现的。

白色的童话世界美得如梦如幻，妈妈举着相机"咔嚓""咔嚓"拍了很多照片。

"妈妈，你小时候也经常见到雾凇吗？"影月好奇地问。

"是呀。我印象中比较深的还有冬天早上起床后，总在玻璃上见到冰花。每一天看到的冰花都不一样，特别好看。"

"冰花是怎么长出来的？"影月好奇地问。

"冰花呀，也是水汽的杰作。那时候屋子里都是靠炉子取暖，炉子上有水壶烧着水，所以屋子里满是水汽。夜里外面特别冷，屋里的水汽开始在玻璃上结晶。玻璃上那些微小的划痕啊、灰尘啊，都会影响这些结晶生长的纹路。所以，每天早上起床，都会看到不一样的冰花，确实像玻璃上开出的一大片花海。现在，城市里的楼房都用暖气，屋子里的水汽少了，就很难见到冰花喽。"

　　我们什么时候能见到漂亮的冰花呢？听完妈妈的介绍，兄妹俩不禁开始期待起来。

4

冰雪奇缘

春节假期总是过得飞快，返程的日子已经近在眼前。这一天晚饭后，大家坐在沙发上，准备看会儿电视。换台的空档，影月一眼瞥见电影频道滚动着即将播放影片《冰雪奇缘》的消息。"就看这个！"影月赶紧说。

这部影片究竟看过多少遍，恐怕影月自己也记不清了。不光是她，连她幼儿园时班上的小伙伴，现在小学同班的女同学，很多都对这部影片着迷得不得了。六一儿童节，不止一个同学穿上与电影里的安娜同款的裙子呢。

"姥姥，姥爷，你们知道吗？这个电影里的雪花，全都是对的。"插播广告时，影月忍不住做起了小小科普讲解员。

"雪花还有对错之分？"姥爷听了哈哈大笑。显然，姥爷没有看过这部电影。

"是呀，这个电影请了一个雪花专家，他告诉制作动画的艺术家，真正的雪花到底长什么样子。我来考考你们啊，你们猜，世界上有八瓣的雪花吗？"

姥姥和姥爷被问住了，他们在这个冬季时常下雪的北方城市已经生活了几十年，但对"雪花有几个瓣"这样的问题，并没有仔细关注过。不过，姥姥忽然想起元旦去超市买东西时，刚好获赠了一个八瓣雪花的装饰品。她去门口的抽屉里拿出那个装饰品，递给影月，说："我猜肯定有。"

"姥爷呢？"影月玩起了竞猜游戏。

"那我就猜没有。"姥爷看到了那个装饰品，但还是决定猜个不一样的答案。

"哈哈！恭喜姥爷答对啦！"影月给姥爷手里塞了一个砂糖橘，"也恭喜姥姥获得爱动脑筋奖。"影月给姥姥也塞了一个砂糖橘。

寒星看妹妹玩得不亦乐乎，也拿起一个砂糖橘剥着吃。猜猜世界上有没有八个瓣的雪花，那是几年前他们第一次看《冰雪奇缘》时，妈妈向他和妹妹提出的问题。那时候，他们还从来没有想过，雪花的瓣数里竟然蕴含着大大的学问。在那之后，他们俩都曾经多次和其他小伙伴玩这个猜谜游戏。

　　"那这个雪花，就是你说的错的雪花喽？"姥姥举着那个八瓣雪花装饰品，忽然明白了影月所说的"对的雪花"是什么意思。

　　"一会儿你们看啊，这个电影里的雪花，可没有这样八瓣的。那些雪花特别美。注意，不要只顾着看故事哦，看看她们穿的裙子，注意上面的雪花图案。"影月说话的口吻像个小大人，大家都被她逗乐了。正巧这时广告播完了，一家人一起全神贯注地看起电影来。

冰雪的世界，未来会带给寒星和影月什么样的奇缘呢？坐在兄妹俩旁边的妈妈，一边看电影，一边忍不住这样想。

第二章

雪花人

每一片雪花都是独一无二的。

1

本特利的故事

从姥姥家回来后的一天，妈妈从床底下拉出一个收纳箱，里面装的是寒星和影月的一些书。每隔一段时间，妈妈就会把兄妹俩不看的书收进箱子里，腾出书架的空间。影月最喜欢在这个时候来凑热闹，趁机从里面挑选几本忽然就想再看的书，放回书架上。

一本名叫《雪花人》的绘本吸引了影月的注意。其实，在她两三岁的时候，妈妈就给她读过这个绘本，只不过，那会儿她还小，故事已经忘得差不多了。如今识字量增加了，干脆再读一遍吧。

《雪花人》这本书的主角名叫威尔森·艾·本特利，人们都叫他威利。当他还是一个小男孩时，他就爱雪胜过一切。下雪的时候是他最快乐的日子。妈妈送给他一台旧的显微镜，威利用它观察花瓣，观察雨滴，观察叶片，最重要的是观察雪。借助这台显微镜，威利观察到每片雪花都有复杂而精致的图案，其美丽程度远超人类的想象。他原以为，总有一天在显微镜下，他会遇到相同图案的雪花，可是，他竟然一次也没遇到过。

　　当别的小孩都在玩建雪城堡、扔雪球、打雪仗的时候，威利却在想办法收集雪花。他立志要把雪花保存下来，让大家都能看到这些美妙的图案。后来，他的父母拿出积蓄，为他买了一台照相机。经过许多次尝试，威利的雪花收集工作终于取得成功。

　　威利拍下一张张雪花的照片，把它们作为礼物送给全世界。他本是一位普通的农夫，后来却成了研究雪的专家，人们尊称他为"雪花人"。

《雪花人》最打动读者的，不是绘本里的文字写得多么优美，也不是其中的插画多么精美，而是它所讲述的故事和人物都是根据真实情况改编的。威利的原型人物就是威尔森·艾·本特利。

早在 19 世纪 80 年代，本特利就对雪花的微观结构产生了浓厚的兴趣，那时，他才十几岁。他把相机接到显微镜上，尝试拍摄雪花。几经试验之后，他终于拍到了第一张雪花照片。那一年，他还不到二十岁。

在他余生的四十六年时间里，本特利一直致力于雪花摄影，他一共拍摄了超过五千张雪花照片。本特利的作品发表在世界各大著名刊物上，很多人因此第一次看到了单片雪花的内部结构和对称性，看到每一片雪花都拥有独一无二的特征。也有很多人通过这些照片才真正认识到：世界上没有两片完全一样的雪花。每一片雪花都是独一无二的。

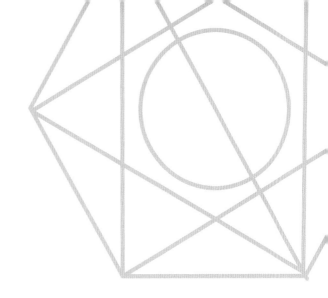

"妈妈，威利拍雪花也太辛苦啦！每年冬天都拍，他不冷吗？到底是什么魔力，让他愿意把一辈子的时间都用来拍雪花呢？"

影月读完绘本，向妈妈提出了一串问题。妈妈清楚影月想问什么：是的，雪花很美，每片都很美。可是，它真的能够吸引人为之奉献一生吗？雪花人本特利所执着的事又是受到什么魔力的吸引呢？

2

怎样拍雪花

照相机的发明和使用，让人类终于有机会使瞬间定格为永恒。威尔森·艾·本特利将相机和显微镜结合在一起，揭开了隐藏在雪花世界里的秘密。

然而，雪花的拍摄可没那么简单。本特利在尝试之初，兴致勃勃地埋头拍摄，但最后冲洗出来一看，照片上只有黑乎乎的一团。一场场雪，一次次失败，直到一个漫长的冬季彻底过完，本特利的试验还是没有成功。

怎么回事？单片的雪花明明是透明的，为什么拍出来是黑乎乎的？第二年，本特利改变了拍摄策略，他把照明的灯光挪到了雪花后面，这样一来，雪花就被光照得晶莹剔透了。

雪花虽美，但被人们形容为短命的艺术品，因为它很容易融化变成水，或者升华变成水蒸气。即使没有这些遭遇，雪花还可能在从天而降的过程中与其他同伴相互碰撞，变得残缺不全。拍摄雪花的难点，当然不只是怎样照明，最大的问题还在于，怎么样拿起一片完整的雪花，让它老老实实地待在显微镜的玻片①上，并且在它变成水或水蒸气之前完成拍摄。

本特利的解决方法非常直接，既然雪花拿进屋里肯定会化掉，那么，把相机和显微镜都搬到户外不就行了。没错，拍摄用的设备都需要事先冷却，当它们的温度够低，雪花就能落在上面。否则，从暖和的屋里拿一个玻片出来接几片雪，只会在玻片上看到几摊水。

　　至于怎样采集雪花，那就是个细致活儿了。可以先用玻片接一些雪花，再拿冷却之后的长针或其他工具把不要的雪花拨掉，留下想要拍照的雪花。或者可以用肉眼搜寻深色物体表面的雪花，再拿玻片去粘粘看。当然，在这个过程中，记得要戴手套，不然手的热量会传导到玻片上。

　　本特利拍摄的雪花作品，背景是黑色的，雪花是白色的。在他开启了雪花摄影的大门之后，世界上又有一些人陆陆续续地加入了这个队伍，其中还有些人是专业的物理学家。大家都在不断地琢磨：怎样才能将雪花照片拍得更好看！

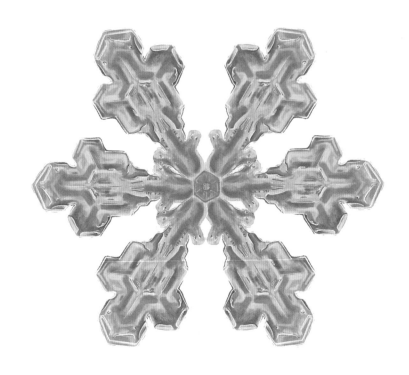

　　人们开始尝试用彩色的灯光、彩色的滤光片[②]，进行各个不同角度的照明，最终，雪花也拥有了非常漂亮的彩色照片。人们为雪花之美感到惊叹的同时，也不会对照片上的那些颜色产生误解。薄薄的雪花显然都是透明的、无色的。

　　雪花摄影让大家看到雪花的瓣可以生长出各种各样的结构。雪花有大有小、有薄有厚、有规则的也有不规则的，但最常见的雪花要么是六边形的，要么是六瓣的。等一下，为什么是六瓣的呢？是谁最先注意到雪花是六瓣结构的呢？

3

开普勒的发现

  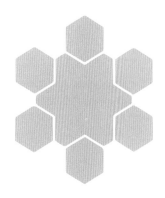

　　天文馆推出了新展览，寒星迫不及待地想去看看。这次的展览与以往不同，听说策展人将焦点放在了天文学家身上，并给展览起了个别致的主题：通文达艺的天文学家。

　　最初，这个展览的主题让寒星有些疑惑，讲天文学家的书籍挺多的，班上几个"科技迷"几乎每人都能说出一些天文学家的名字和事迹。再说，不光天文学家，很多物理学家、数学家，不也都是多才多艺的吗？不知道这个展览有什么特别的。

　　展览在星期六开幕，但这个周末爸爸要外出开会，就由妈妈带着寒星和影月前去参观。他们赶在星期天刚开馆的时候就进了场，游客量比高峰时段少很多。

展览设在一楼的展厅里，入口处是一段类似海底隧道一样的通道，光线很暗，地面两侧闪烁着点点微光。令寒星和影月感到神奇的是，那个通道好像是一个时间隧道，他们三人刚一走进去，就感觉仿佛穿越到了几百年前。

沿着展览设定好的路线前行，好像在一条隐形的时间轴上移动，从历史之中慢慢走向现在。每次参观展览，寒星和影月都会带着专用记录本，他们会在本子上写上参观日期、地点，然后以各自喜欢的方式做一些笔记。寒星的笔记以文字居多，而影月的本子上时常画着各种小画。影月有一个好朋友，每天都坚持画日记，影月得知后觉得很有意思，便也试着用这种形式记录自己看过的展览。

按照以往的模式，整体参观一遍之后，他们俩可以各自选择自己感兴趣的区域仔细地观看、做记录。影月停留的地方，讲的是美国天文学家哈勃，那里写着"20 世纪 20 年代，我们来到了宇宙学的黄金年代，这时候就连一个拳击手或律师都随时可能站出来捍卫自然法则。"他们俩都被这句解说逗乐了。原来，哈勃在读书的时候，曾是优秀的拳击手，并且学习过法律，毕业后还开过律师事务所。

　　寒星最终停在了天文学家开普勒的区域。他在一本书里读到过，开普勒是德国著名天文学家，曾发现了行星运动三定律[③]。不过，在这个展览上，引起他注意的并不是开普勒的天文学成就。

　　展区设置了一个供观众体验的模拟场景：在一扇窗户旁边，摆放着一张桌子、一把椅子。寒星坐到那把椅子上，窗户玻璃开始放映影像，那是圣诞节到来前的一天，窗外纷纷扬扬地飘起了雪花。窗户边的一个小喇叭里，传出了模拟开普勒内心独白的声音。

当年坐在这把椅子上的开普勒，正为生计发愁。他望着窗外的雪花，注意力忽然被吸引了过去，他通过观察发现，这些小小的雪花竟然拥有一些共同特征。开普勒很好奇，为什么它们都有六个瓣，而不是七个瓣、八个瓣呢？另外，为什么它们都那么小？开普勒开始琢磨，最终他把自己的这个想法写成了一篇论文。

　　喇叭里播放着语音，提示寒星看向桌面。咦？桌子中央竟然出现了一块屏幕，上面展示的正是开普勒的论文。寒星通过触屏大致翻阅了一遍，读了读旁边的中文简介。他了解了开普勒当年的猜测，雪花之所以大多有六个瓣，原理和矿物晶体类似，主要是由内部细微结构的排列方式造成的。至于具体怎么排列，开普勒在论文结尾写道：以此时的科学水平还无法解答。开普勒说的没错！那之后又过了三百年，X射线晶体学诞生，科学家们才了解了原子④、分子⑤在固体中的排列方式，进而知道了雪花之所以有六个瓣，答案全在水分子的排列上。

　　寒星坐在椅子上，忽然明白了为什么开普勒能找到太阳系行星运动的规律。

4

雪的秘密水知道

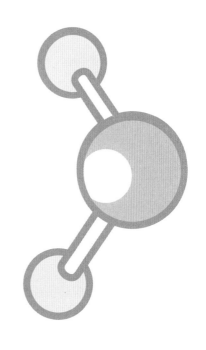

　如今，我们知道了，雪花是由微小的冰晶生长而成的，而构成冰晶的是水分子。也就是说，雪花瓣数的终极起源在于冰晶的结构，在于其中水分子的排列。

　单独的水分子都是由一个氧原子和两个氢原子组成的。

　晶体的世界非常神奇，其内部的原子或分子，规则地排列在固定的晶格⑥上，但排列的方式多种多样。有些排列造成的对称形式很常见，比如，我们平常吃的食盐颗粒是立方结构的，所以盐粒呈现为小方块。

有些对称形式是永远不可能存在的，比如五重对称。所以，你永远也不会见到正五边形的地砖，因为用这样的地砖铺不出不留空白的地面。同样，水分子也不会排列出正五边形，这样的排列没有办法严丝合缝地组合出一片冰晶。

既然排列方式多种多样，那么，水分子会以哪种方式排列呢？答案并不唯一。在极端的温度和压力下，水分子有可能排列成不同的形态，比如在极高压的情况下，水分子会排列成立方体的冰晶，看上去就像食盐颗粒那样。

在所有可能的排列方式中，最常见也最稳定的，是唯一一种不受极端条件限制的类型——六角形冰晶。其内部的水分子排列成六角形晶格结构，这种晶格是六重对称的。

就是说，正因为水分子排列成了稳定的六角形，最终导致雪花长成了六个瓣的形状。可是，新的问题随之而来：为什么这样生长出来的雪花，六个瓣都像事先商量好似的，长得几乎一模一样呢？

　　观察一下我们自己，就不难找到问题的答案了。看看平时天气变化的时候，大家会有什么样的反应。是不是多数人会步调一致地在下雨天时打伞，在气温降低时增添衣物呢？每个人都会选择适合天气的着装，不用事先商量，雪花也是一样的。

　　雪花生长之初，就是云里小小的六角形冰晶，它们从天空中飘落下来，六个角经历几乎相同的环境变化。在不同的温度和湿度下，要么长出复杂的分支，要么直到落到我们的衣服上依然保持六角形的形状。当然，环境的变化会给雪花表面雕琢出各种图案和印记。

第三章

微观雪花

玻片上躺着一枚
精美的十二瓣雪花，
简直比《冰雪奇缘》里的雪花
还要晶莹剔透。

1

雪中游故宫

"星期六有中雪，你们要不要去预约故宫赏雪啊？"星期二的早餐时间，爸爸一边查看天气预报一边说。

"要呀！"爸爸的提议得到了寒星和影月的热烈响应。

下雪天去故宫赏雪的提议，妈妈之前念叨过几次，只不过，真要落实，就和自然摄影一样，需要天时地利人和。毕竟谁也没办法预见到天空会在何时下雪。就拿前几年来说，每次下雪都赶上工作日，周末再去看，雪早就化了。

"都谁报名？"妈妈问，爸爸摆了摆手。"好吧，那就预约三人。"妈妈拿起手机，填写了预约信息，"到时咱们要早点儿起床，坐地铁去。"

星期六的早上，闹钟刚响，寒星和影月就爬起来了。他们俩去过几次故宫，但对去那儿赏雪有什么特别，并没有概念。也许对孩子们来说，他们期盼的只是去雪地里撒欢儿，至于地点是故宫还是别的地方，没那么重要。

"爸爸，你又要去拍雪花啦？"影月穿好衣服，看到客厅门口摆着一台便携式显微镜和两盒玻片。

　　"是啊，今天的雪很不错。"爸爸从抽屉里拿出几个小小的 LED 灯，放进摄影包里。影月这才注意到，窗户外面已经开始飘雪花了。

　　带好东西出门，果然，地面已经覆盖了薄薄的一层雪。寒星注意到路边的雪地上还没人踩过，他跑过去，左一脚又一脚，模拟大拖拉机轮胎在雪面上轧出的车辙，开心得不得了。据说爸爸妈妈他们小时候都玩过这个游戏。影月也跑到哥哥的"车辙"旁边，踩出另一道"车辙"。

　　"喂！那两辆小拖拉机，我们得加快速度驶向地铁站啦！"

　　听到妈妈这么说，兄妹两人立刻哈哈大笑着跑过来，追上妈妈。

　　到故宫的时候，雪已经下得很大了。过安检，进午门，游人的数量还不算多。妈妈沉浸在曼妙的雪景中，边走边拍照片。"你们俩别光顾着踩雪，多用眼睛看看，像今天这样的好机会可没那么多。"金水桥下的冰面，全都变成了白色。太和殿前的铜鹤，背上背着厚厚的"白雪蛋糕"，模样变得十分可爱。他们就这样一路向北，边走边玩、走走停停一个多小时。三人来到了御花园，影月忽然说："妈妈，我觉得下雪天让故宫的颜色变得更好看了。"对于色彩的变化，影月总是很敏锐。

妈妈夸赞道："你的观察力不错。故宫建筑的颜色，大多是红色和黄色，再加上屋檐下的青绿色，给人什么感觉？辉煌、壮丽，是吧？赶上有蓝天白云的时候，拍一拍风光片，那效果别提多大气了！但一下雪，就不一样了，红墙、琉璃瓦，还有地面，加了很多白色之后，你们俩看着是什么感觉呢？"

"安静。"

"温柔。"

寒星和影月分别蹦出了不同的词。

妈妈笑了，来故宫看雪景，孩子也许没有大人那么激动。他们的关注点也和大人不一样，但面对这大雪纷飞的紫禁城，内心的感受却是相通的。"该歇一会儿啦。走，咱们到'宫里边'吃点心，喝热乎茶去！"

2

第一次用显微镜看雪

这场雪足足下了一天，时大时小，直到夜色降临，也没有要停的意思。路灯的黄色灯光照着枝头挂满雪的白蜡树，打造出恍若雾凇般的景象，引得很多行人驻足拍照。妈妈带着寒星和影月在餐厅吃完晚饭，快到家的时候，手机响了，是寒星爸爸打来的，"你们回来了吗？我在咱们家楼下呢，要不要让他们俩来看雪花？"

"爸爸在咱们家楼下拍雪花呢？你们俩想不想去看？"

"耶！"兄妹俩异口同声地欢呼起来。

　　"他们俩都想看，你干脆晚点再收摊儿吧。"妈妈对着手机说完，对寒星和影月说："现在这样的小雪，这样的温度，正是拍显微照片的好时机。看来今天是个幸运日。"

　　以前爸爸拍照的时候，寒星看过两次，不过都只是看几分钟就走了，有时因为要赶着去上学，有时因为太晚了要回去睡觉。而影月呢，她只在电脑上看过爸爸拍的雪花照片，直接用显微镜看雪花，这还是第一次。

影月远远就瞧见了爸爸，他的便携式显微镜正放在雪地边的一个棚子下面。爸爸坐在折叠椅上，一只手操作显微镜，另一只手按相机快门。爸爸拍照拍得那么专注，以至于影月他们都走到跟前了，他才发现。

"爸爸，今天收获怎么样？"寒星问道。

"收获不错，拍到了很多好看的雪花。你们呢，故宫的雪景美吗？"

"太美啦！又大气又温柔的那种美！"影月开心地说。

爸爸被影月给逗乐了，对她说："那你稍等一分钟，来看看这是哪种美。"

爸爸从旁边的台子上拿起一个玻片，上面已经接了一些刚刚落上的雪花。爸爸把玻片放到显微镜载物台上，调节对焦，然后用一枚细细的长针在玻片上扒拉了几下："好了，来看吧。"爸爸起身让影月把眼睛凑到显微镜的目镜上。

影月以前也不是没见过雪花的显微照片，但此时，当她把眼睛凑过去时，还是被眼前的景象惊呆了。玻片上躺着一枚精美的十二瓣雪花，简直比《冰雪奇缘》里的雪花还要晶莹剔透。

在载物台的下方，是爸爸给 LED 小灯自制的一个浅蓝色半透明罩子，柔和的灯光从玻片下方斜着照射上来，让雪花的轮廓和颜色变得格外好看。

"哥哥，快来看！"影月兴奋极了，不忘赶紧叫上哥哥。

寒星不禁回忆起自己第一次用显微镜看雪花的情景，那时他也很兴奋，但不像妹妹这么兴奋。而且，看几分钟挺有意思的，但像爸爸那样狂热地看几个小时，他恐怕做不到。可是妈妈说今天是好时机，妹妹也像发现了新大陆，寒星想，那就再看看吧。

他把眼睛凑了过去，啊！他一下子屏住了呼吸。什么？这不就是一枚十二瓣雪花吗，以前在照片上也看见过类似的，为什么此时亲眼所见有了这么强烈的震撼？寒星突然想不起自己前两次看过的雪花长什么样了，他静静地盯着目镜中那枚十二瓣雪花，仿佛时间都静止了。

3

雪花的分类

世界上的雪花不都是六个瓣的吗？除了六瓣和十二瓣，还有其他种类吗？有的，而且有很多。都说世界上没有两片完全一样的雪花，但这些各不相同的雪花，还是可以根据它们的主要特征，划分出大致的类别。

早在1951年，一个名叫国际冰雪委员会的组织，就对固态降水提出了一套国际分类标准。这套系统把雪花晶体分为七类，分别是：板状晶、星状晶、柱状晶、针状晶、立体枝状晶、冠柱晶和不规则雪晶。后来，他们又补充了三个新品种，分别是霰（也称软雹）、小冰丸（也称冻雨）和冰雹。

　　1954 年，日本一位名叫中谷宇吉郎的物理学家根据自己二十多年的雪花研究，提出了一套新的划分方法。他将雪花分成四十一种，用字母与数字组合的方式，对不同种类的雪花进行了标示。

随后，日本气象学家孙野长治在对北海道的雪晶做了长期研究之后，发现中谷宇吉郎提出的分类法在描述不对称雪花或有装饰的雪花时，显得过于简单。而现实中有很多雪晶并不规则，或不对称，还可能生长出装饰，或者在表面结霜。

于是，孙野长治和北海道大学的学者李柾雨开始对中谷宇吉郎的雪花分类进行完善。经过数次修正之后，两人提出了一套精细的雪花气象学分类法，将雪花分成八十种。

"孙李分类"非常详尽，但在公众中的推广普及度有限。目前大家在网络上比较容易找到的分类表，来自美国加州理工学院的一位研究引力波的天体物理学家，他的名字叫肯尼思·利布雷希特。他根据自己在美国、加拿大北部等地的多年观测，将自己所见的比较普遍存在且有特点的雪花汇总为一个表格，一共包含三十五种雪花。

其实，要问世界上有多少种雪花，就像问世界上有多少种颜色一样难以回答。怎样找到唯一的答案呢？答案就是——没有唯一的答案。人们给雪花分类和命名，最主要的目的是为了在观察和介绍它们时更加方便。在各种分类法中，比较常见的雪花名称基本是统一的，而不常见的那些雪花则叫什么的都有。

最常见的雪花种类，主要有以下几种：

六边形雪花：

长得像六边形盘子，肉眼很难看到，尺寸通常不到 1 毫米。

星状雪花：

有六个细分枝，就像我们熟悉的六角星芒，尺寸大约 2~3 毫米。

扇形雪花：

分枝宽阔，且每个分枝从中心向外逐渐从细变宽，很像扇子。

星盘雪花：

中间是普通六边形雪花，外圈呈星状，尺寸约 3～5 毫米。

树枝雪花：

相当于星状雪花的六个分枝上又长出新的细小枝丫。

蕨叶雪花：

比树枝雪花还要繁茂，大的蕨叶雪花尺寸超过 1 厘米。

除了以上这些六重对称的雪花，天上还时常会落下一些个性派雪花，比如两瓣雪花、三瓣雪花、四瓣雪花、十二瓣雪花、二十四瓣雪花等。还有更个性的，比如棱柱雪花、箭头雪花、方块雪花、刀鞘雪花等。

很多雪花的分枝顶端，会长出各种美丽的装饰，表面也会有各种奇特的纹路。还有些时候，雪花在下落过程中穿过比较湿润的空气，会有雾气冻结在雪花表面，给雪花穿上"珍珠衫"。

4

做雪花标本

第二天早上，影月起床时，发现哥哥还没起来。也难怪，昨晚她和妈妈回家准备睡觉时，哥哥说要留下跟爸爸多看一会儿，不知道他们后来几点回来的。

爸爸这会儿已经在电脑前坐着了，影月凑过去一看，哦，原来爸爸在处理昨晚拍摄的雪花照片。她忽然想起昨晚爸爸问的那个问题："爸爸，你不是问我这是哪种美吗，我觉得……是小小的、亮晶晶的那种美。"

"哈哈，影月的词汇真是直白又精准！"爸爸赞许道。

"哥哥最后看到了几点呢？"影月禁不住好奇地问道。

"嗯……不到十二点吧。后来我们遇到一件好玩的事，还给你带了礼物呢。不过，要想看礼物，还得等一段时间。"

影月有点儿迷糊，从雪地的夜里能带回什么礼物呢？为什么还要等一段时间才能看到？不过，这会儿，她更想知道哥哥和爸爸昨晚遇到了什么好玩的事。

"昨晚十一点多，小区里已经没有人走动啦，特别安静。我们俩正坐在椅子上看雪花的时候，忽然，雪地里出现了一位不速之客。"

"爸爸，你刚才不是说已经没有人走动了吗？"

"是呀，来的是一只黄鼠狼！"

影月瞪大了眼睛，但她努力忍住好奇继续听爸爸讲："它在雪地上轻悄悄地跑过，忽然发现了我们俩，大概就隔几米远吧。它停下来，朝我们张望了一会儿，然后就径直跑走了。"

"早知道我也晚点儿回来就好了。"影月的语气中带着些遗憾。

"下次吧。下雪之后安静的夜晚，总会有一些奇遇。"

时间很快到了两周之后。这一天吃完早饭，爸爸拿着一个小盒子走过来，说上次的礼物现在可以看了。影月一听，赶紧蹦下餐桌。寒星虽然是礼物的共同制作人之一，但此时，他也想知道成品的最终效果怎么样。

爸爸把家里的显微镜调好，打开了那个小盒子。影月一看，咦？里面竟然是粘在一起的两个玻片，而且玻片上还粘了很多白色的小点点。这到底是哪门子礼物？寒星看到最终成品也有些犯嘀咕，不会做坏了吧？再看爸爸，一脸淡定。嗯，那应该没做坏。

调试好之后，爸爸说："可以看了。"影月把眼睛凑到显微镜目镜上，嚯！玻片上竟然出现了一些雪花。"爸爸，这是怎么回事？你们把那天的雪花带回来了？把雪花做成标本了吗？"

正在收拾桌子的妈妈听见影月的话，夸赞道："用词很专业呀，真叫雪花标本呢。"寒星也赶紧凑过去看了看，耶！效果完美，他放下心来。

很多人说雪花是冬天的艺术品，十分脆弱，要把雪花永久地保存下来，听上去是一项不可能完成的任务。其实有一个比较简便的保存方法就是借助快干胶。下雪时，先把快干胶拿到室外充分冷却，待雪花落到玻片上之后，滴上快干胶，然后盖上一个玻片。在低于零度的温度下，静置一两周的时间，等胶凝固好，再把玻片拿到室温下，这时，雪花的水分已经全部跑掉了，只在胶里留下雪花轮廓的空隙，这就是雪花标本。用这种方法，雪花能被永久地保存下来。

第四章

非天然的雪

对照雪花形态图，
我们能够知道
雪花在空中都经历了什么，
从而读出雪花的历史。

1

去公园玩雪

每年冬天，市里的几个大公园都会用造雪机造一些儿童冰雪场，开展冰雪嘉年华的娱乐活动。活动项目种类繁多，比如：雪滑梯、雪地小坦克、雪地小火车等。赶上不怎么下雪的年份，这些冰雪场就成了孩子们最爱去玩的场所。

　　今年又是一个雪很少的冬天，大家盼星星盼月亮地只盼来了一丁点儿零星小雪。元旦的时候，妈妈提议去公园玩雪。

　　为了避开游人比较密集的时段，寒星他们一家四口特意选择在午饭后出发。可是到那儿一瞧，人照样很多。冰雪场内最先映入他们眼帘的是几道长长的雪滑梯。很多小朋友自己拉着巨大的轮胎形充气雪橇，从侧边的台阶走上去，然后坐着雪橇从高高的雪滑梯上滑下来，到处都是孩子们的尖叫声和欢笑声。

"妈妈，我也想玩这个。"影月当即表示出浓厚的兴趣。

"寒星，你想玩吗？"妈妈问。

"可以呀。"寒星一边回答，一边张望着远处几个大孩子正在玩的雪地摩托。

"那我去租个雪橇，你带妹妹上去滑一趟试试。"爸爸说着朝雪橇租赁处走去，寒星和影月赶紧跟了过去。经过商量，他们选了一个猫咪图案的雪橇，雪橇前面拴着一根绳子，绳子另一头拴着一个方便抓握的圆环。寒星拉着圆环，影月时不时帮着在后面推一把，俩人很快就到了雪滑梯的顶上。

滑下来的过程跟预想的不太一样，他们俩原先还担心雪橇会不会冲得太快，没想到，一点儿也不快。而且在中途还有点儿卡，寒星使了使劲，雪橇才接着往下滑。刚一到坡道底下，他们俩赶紧从雪橇里爬出来，拉着雪橇从侧边往上跑。

"妈妈，这个雪滑梯，不如姥姥家那边儿的好滑。"影月说的姥姥家的雪滑梯，其实是在公园里的天然小坡上滑雪。每年冬天，总有孩子们带着雪橇到坡上玩，还有些孩子直接带个塑料袋坐在坡上，滑得飞快。影月和寒星都去玩过，每次都恨不得滑到天黑才回家。

"这雪虽然看着像真雪一样，但摸起来硬硬的。"寒星说。影月一听，赶紧蹲下来摸了摸雪面。"哇，有点儿像冰。"爸爸一听，好机会！既然孩子们注意到了这一点，是时候拓展一下知识面啦。"这样吧，你们再去玩一会儿，尽量避免滑倒。排队上去的时候，顺便琢磨一下，这里的雪是怎么做出来的？过会儿我再揭秘。"

上一次晚上看雪花的时候，寒星才跟爸爸讨论过天上飘下来的雪到底是怎么形成的。小时候，他可没想过这种问题，如果有人问他，他会说，冬天太冷啦，云彩里的水滴给冻住了，就成了雪。结果爸爸告诉他，水滴直接冻住的话形成的是冰，而雪是水蒸气直接变成了固态的水，这个过程叫作凝华。天上的雪从最初形成，到最后降落到地面上，差不多要走几千米的路，用时半小时左右。显然，这个冰雪场不可能有这样的条件。他们进门的时候，爸爸还给他们指了指场地边上放着的大家伙，那是几个有点儿像大炮又有点像望远镜的机器，告诉他们："那就是造雪机。"没错，这冰雪场里的雪是造雪机造出来的。可是，具体怎么造出来的呢？

2

人工造雪

对滑雪爱好者来说，最完美的雪叫粉雪，那是由生长最快的蕨叶雪花组成的。雪花超大，分枝超多，堆叠在一起非常蓬松，积雪的重量特别轻。遇到这样的雪，滑雪爱好者会非常开心，沿着坡道滑下来时，感觉就像漂下来一样。

显然，天然降雪不会总这么完美。更残酷的是，有时不是没有完美的雪，而是根本没有雪。所以，人类向大自然学习造雪的技巧，并最终做出了造雪机。

人工造雪技术已经有几十年的历史，并且在如今的技术条件下变得越来越先进。造雪机的发明，使一些个人也因此有机会随时在自家院子里造出一个雪场来。这项技术突破的不只是天气条件和地理位置的限制，还突破了季节的限制。

就是说，如今人们已经能在夏季的草地上造一场雪了。当然，最需要这项技术的还是滑雪场、旅游景点和一些商业广场等。国外还曾有百货公司为了吸引更多的顾客，在百货公司的停车场造出了一片雪地供孩子们玩耍。

20 世纪 50 年代的造雪机，主要是利用空气压缩机来实现造雪。人们将压缩的空气和水在一根管子里混合，然后从一个喷嘴里喷出来。迅速膨胀的空气，使喷嘴中喷出的水雾发生冷却，最终喷出来的就是人造的雪。如果凑近看这些人造雪，会发现里面有很多小颗粒，迅速制冷的过程让这些小水滴直接变成了小冰粒。由此造出来的雪，比天然的雪更加紧密。

但这样的造雪机也有问题，有时，管子会结冰甚至爆裂，造雪时的噪声也比较大。后来，有设计者发明了风扇造雪机。如今，为了适应市场的需求，造雪机可以 360 度自由旋转，喷射出雪的有效距离甚至能超过百米。

　　在制冷方面，压缩空气的制冷能力有限，如果想在夏天实现人工降雪，光有空气压缩机不行，还需要借助液氮 [7]。因为液氮可以轻而易举地把小液滴冻住。不难想象，用液氮制冷的话，需要的费用也非常高昂。再后来，商用造雪机借助特定的细菌造雪，可以造出小冰晶。

3

实验室里的雪花

和造雪机造出的雪不同，人类在实验室里造出的雪，拥有各种结构。

事情要从 1932 年的冬天说起，那时，一位名叫中谷宇吉郎的日本人，到北海道大学研究物理学，可是学校给了他教授职位，却没给他工作所需的设备。那时的北海道，最不缺的就是雪。中谷宇吉郎开始研究雪花，开始琢磨如何在实验室里制造雪花。

经过很多次失败的尝试，到 1936 年，第一枚形态规则的人造雪花终于在实验室里制造出来了。随后，中谷宇吉郎尝试让雪花在不同的温度和湿度条件下生长，结果发现，雪花的形态和环境条件密切相关。比如，在零下 2 摄氏度时，只长成简单的六边形雪片；但在零下 5 摄氏度的条件下，就会出现针状的雪晶。

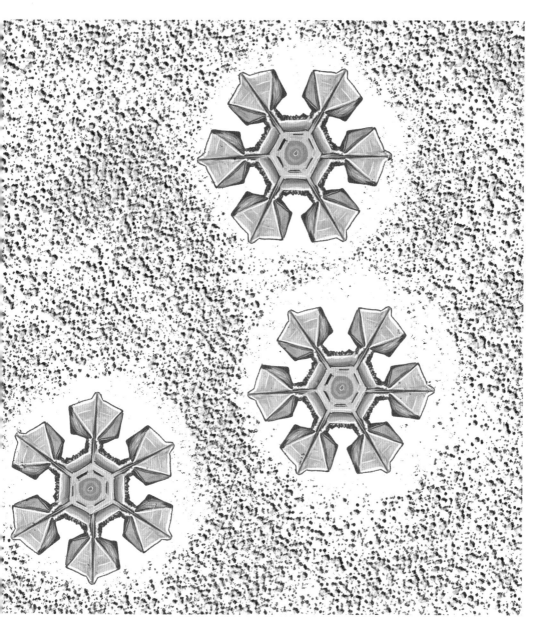

中谷宇吉郎还发现，环境湿度越大，雪花形态就越复杂。中谷宇吉郎根据自己在雪花形态学方面的这些研究和发现，制作了一幅图，这就是著名的雪花形态图。对照雪花形态图，我们能够知道雪花在空中都经历了什么，从而读出雪花的历史。

在其后的几十年里，又有很多人加入到这个研究中来，共同促进了人造雪花技术的进步和发展。1946 年，美国人研发出了冷柜造雪技术，但是产出的雪花量非常小。到 1963 年，英国人想出了一个方法，利用电诱导冰针技术，生产出了不同类型的雪花。

　　21 世纪初，美国的肯尼思·利布雷希特教授也开始进行这一尝试，他在自己的实验室里造了一个雪花工厂，通过精确控制环境温度和湿度来调节雪花的形态。想要让雪花顶端长得大一点，就增加湿度；想要让雪花长出周期性分支，就通过固定周期的湿度循环来实现。

以前人们常说，世界上没有两片完全一样的雪花，但肯尼思教授的雪花工厂却颠覆了这句老话。雪花工厂平均每小时可以生产出一片雪花。由此生产出的雪花，不仅拥有天然雪花所没有的精妙形态，而且，只要给两片雪花设定完全一样的温度和湿度条件，它们就能最终长成一样的外观。于是，雪花工厂不仅造出了双胞胎雪花，还造出了四胞胎雪花。

与人造雪花相比，天然雪花的生存环境要恶劣得多。云端的气候条件可能很糟糕，可能有大风，雪晶可能与云滴和其他雪晶发生碰撞，还随时面临被升华的危险。当它们到达地面时，我们借助显微镜进行拍摄，发现它们总会多多少少带着旅途的劳顿，相对来说，完美无损的天然雪花是很有限的。其实，这也正是大自然赋予雪花的独有乐趣，天然形成的雪花永远充满了随机和未知之美。

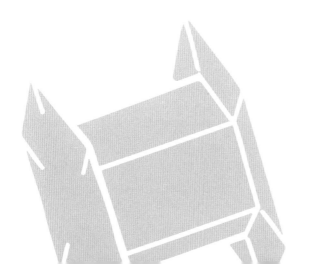

第五章

雪之趣

北风卷地白草折，胡天八月即飞雪。
忽如一夜春风来，千树万树梨花开。

1

雪之诗

这天放学，影月眉飞色舞地跑进来，扔下书包嚷道："妈妈，你猜我们班要组织什么活动啦？"

看着女儿突然如此兴奋，妈妈颇为好奇，忙问："你们要组织外出参观？"

"才不是呢！"影月兴高采烈地说，"后天，我们班要组织班级诗词比赛啦！以小队为单位，我是我们小队的代表选手哦！"

"那你可得好好准备。切勿轻敌，骄兵必败！"哥哥探出头说。

"哼！"影月冲着哥哥做了个鬼脸。

　　影月的语文成绩一向不错，这也得益于她对诗词的喜爱。从小她不仅喜欢背诵诗词，还喜欢诗词吟唱。虽然现在的吟唱已经不是古人的那种韵味，但古代的诗词经过现代人的编排，再配以意境相符的古乐伴奏，也很好听。就这样，影月的大脑里也有了一个诗词库，而且，是带旋律的诗词库。

　　转过天，影月期盼的诗词比赛开始了。在前几轮，影月自然是一路过关斩将，冲到了前面。最终与她争夺冠军的是从小一起玩大的好朋友小菠萝。

　　"选手们听好了，"老师大声宣布，"下一轮，'雪'字的诗歌，从影月同学开始。"

先出场，这是好事呀！影月清了清嗓子，背诵道："北国风光，千里冰封，万里雪飘。"

　　"好！"影月小队的队员们热烈鼓掌，差点儿把教室掀了。老师忙示意他们安静下来。

　　"窗含西岭千秋雪，门泊东吴万里船。"小菠萝也不示弱。

　　"北风卷地白草折，胡天八月即飞雪。忽如一夜春风来，千树万树梨花开。"影月飞快地接上。

　　"孤舟蓑笠翁，独钓寒江雪。"
　　"晚来天欲雪，能饮一杯无？"
　　"千里黄云白日曛，北风吹雁雪纷纷。"
　　"欲渡黄河冰塞川，将登太行雪满山。"
　　"欲将轻骑逐，大雪满弓刀。"
　　"……"影月竟然没接住。

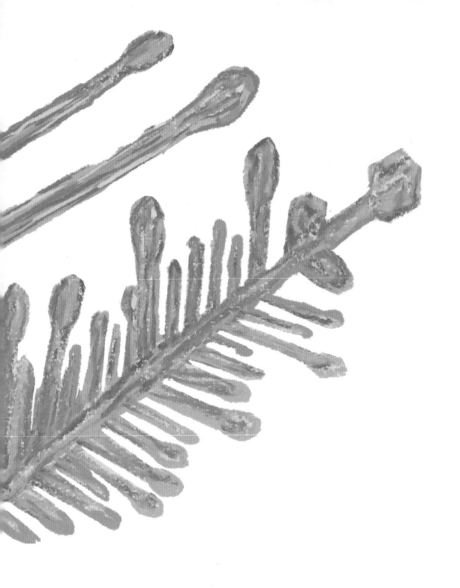

　　没想到小菠萝的功力这么强，影月觉得自己太轻敌了。最后，小菠萝代表的三小队获得冠军，影月代表的一小队获得亚军。

　　虽说是赛场对手，但友谊的小船可还是划得好好的。第二天，影月邀请小菠萝到家里玩，俩人带着跳绳，去楼下的小花园玩了一个多小时才上楼。到家之后，自然少不了"给你看看我最近有啥新鲜玩意儿"的节目。影月准备给小菠萝看看自己之前收到的那份礼物。

"爸爸，我想让小菠萝看看我的雪花标本。你能不能把你的显微镜借给我们用用？"

"说得就好像你自己会调似的。"哥哥寒星趁机打趣道。

"我和小菠萝负责看，爸爸肯定会给我们调好的。是吧，爸爸？"

"哈哈，行，我给你们调好。"爸爸起身走向家里那台显微镜。果然，小菠萝很羡慕影月收到的这个礼物，她趴在显微镜的目镜上，目不转睛。影月的爸爸教她轻轻拧动显微镜上的螺旋钮，这样就可以移动玻片，让玻片上的每片雪花都能被扫视一遍。

"哇，这里怎么有一个像羽毛扇子一样的东西？"小菠萝突然说。影月凑过去一看，"那个呀，是一朵大雪花碎掉啦。如果没碎的话，就有六个这么大的扇子拼在一起，组成一朵超大的雪花。"影月在"超"字上加重了语气，音也拖得格外长，"这个雪花就像冬奥会开幕式上那个大雪花，'燕山雪花大如席，片片吹落轩辕台'嘛！"

小菠萝惊讶地看着影月，有些难以置信："咦？"

"哎呀，比赛时我怎么把这句诗给忘了！"影月懊恼地说。

2

中国古人咏雪

西方国家最早注意到雪花的微观形态，并进行科学研究的是德国天文学家开普勒。但要说对雪花最早的记载，毫无疑问，依然是在中国的古籍中。

早在公元前135年，西汉的学者韩婴就在《韩诗外传》中写道："凡草木花多五出，雪花独六出。"这句诗也是目前中西方研究者普遍公认的、关于雪花六瓣结构最早的文字记载。

在我国古人中，注意到雪花六瓣结构的，当然不只韩婴一人。南朝诗人萧统曾有诗句"彤云垂四百之叶，玉雪开六出之花。"南北朝诗人庾信的《郊行值雪诗》则写道："雪花开六出，冰珠映九光。"晚唐诗人高骈的七言绝句《对雪》中有："六出飞花入户时，坐看青竹变琼枝。"这句诗中的"六出飞花"，说的就是雪花的六瓣结构。

　　对古代的文人墨客们来说，咏雪的角度也多种多样。在这些诗句当中，有的描写了雪花的美妙轻盈，比如：岑参《白雪歌送武判官归京》中的"北风卷地白草折，胡天八月即飞雪。忽如一夜春风来，千树万树梨花开。"韩愈《春雪》中的"白雪却嫌春色晚，故穿庭树作飞花。"

有的描写了积雪的破坏力，比如在白居易的五言绝句《夜雪》中写道："夜深知雪重，时闻折竹声。"

有的描写了雪花的个头之大，如李白除了在《北风行》中说："燕山雪花大如席，片片吹落轩辕台。"还在《嘲王历阳不肯饮酒》中写道："地白风色寒，雪花大如手。"

还有的诗句将雪花与预测天气联系起来，如宋代韩琦在《雪》中写道："六花来应腊，望岁一开颜。"说的是诗人见到在腊月以前下雪，深知这对农业生产有利，于是感到非常欣喜。

古人以诗词咏雪，为雪赋予了更多的美。直到如今，石蒜科植物中还有一个属的花名见证着古人的记录，它的名字叫六出花。

3

衣服上的季节

小菠萝临走前，和影月约定好下个月一起去看浮世绘⑧展览。小菠萝的妈妈也是一位看展达人，每次有值得一去的展览，她总会早早开始关注。

到了约定好的星期六，妈妈带影月去看展，爸爸带寒星去打乒乓球。

浮世绘展览设在一个繁华的商业区附近，九点整开门。影月的妈妈和小菠萝的妈妈约好了在八点四十五分会合。刚过八点半，她们就都提前到了。再一看检票口，嚯！居然已经有二十多人在排着队等候入场了。看来这个展览比预期的还要火爆。

影月和小菠萝在妈妈们的影响下，都成了展览爱好者。这次看展，她们俩都带了自己的图画本、画笔和便携防潮垫，准备把喜欢的作品临摹下来。不过，在此之前，她们对浮世绘并没有什么了解。

小菠萝的妈妈介绍说，很多浮世绘作品描绘的都是日本的平民生活。它的出现标志着日本美术开始从贵族走向民间，所以浮世绘也是解读日本民俗文化的密码之一。另外，这种艺术形式也不仅仅是日本的符号代表，一些学者们在浮世绘的作品中找到了很多中国传统文化的意象。还有一些浮世绘作品对西方艺术家产生了至关重要的影响，比如著名的印象派画家梵高，就是一个浮世绘作品迷。至于今天的展览会看到什么样的作品，那就要两位小姑娘自己去发现了。

　　展厅的布置非常讲究，为了让观众迅速找到沉浸感，入口处特意设置了一个序厅。序厅的墙上喷绘了一幅巨大的浮世绘作品，一看便是体现春日郊游场景的画作，地面的色彩也设计成与画作融为一体的效果。序厅的一角装饰了一棵盛放的樱花树，厅墙边摆着几把古风纸伞，展厅顶上悬吊下一张轻薄的粉色纱帘。拉开纱帘，观众仿佛一下子就进入画作呈现的春景之中。影月和小菠萝都很兴奋，她们本来就很喜欢春天，喜欢花，所以这个序厅的设计一下就吸引了她们。

"二位，你们别刚看一个厅就停下，接下来的几个厅，好歹也要进去看看啊。"小菠萝的妈妈眼瞅着两个小姑娘掏出防潮垫准备就地画画，赶紧提醒了一句。

"是呀，先看完一圈再回来画。里面的作品还多着哪。"影月妈妈说。

影月和小菠萝有点儿不情愿，但还是收起垫子，往里面的展厅走去。果然，里面还有不少有意思的作品。也有个别作品看上去挺凶，挺吓人，走到那样的区域，她们俩就飞快地跑开了。最让两个小姑娘感兴趣的是浮世绘作品里各种各样的衣服，她们很快就注意到在体现不同季节的作品里，人们穿的衣服上也有相应的季节符号。春天的衣服上有桃花，秋天的衣服上有菊花，还有其他各种不认识的花，五颜六色，丰富多彩。

后来，影月和小菠萝各自选了一幅作品，试着在自己的本子上画了起来。妈妈们凑过去看时，她们像约定好似的，赶紧捂住本子说："先不许看！"

"行，等你们画完再看。"妈妈们走到旁边，边看展边低声聊起天来。

看展览的时间总是过得飞快，转眼就到了午饭时间。临走前，影月妈妈说："这里有一幅作品，可能你们俩没有仔细看。我们最后再去看一眼吧。"

　　这是一幅尺寸不大的作品，也是展厅里少有的几幅复制作品之一，据说原作在美国的大都会艺术博物馆。作品的主色调呈灰色，画面上是一位女子在下雪天打伞前行。"仔细看她的衣服。"影月妈妈提醒道。

　　这幅作品，影月她们刚才看过了，但它确实不怎么吸引人。画面上女子穿的衣服，颜色灰暗，上面有一些白色图案。比起其他作品中的衣服，这件衣服太素了，所以她们刚才没有多做停留。此时，她们俩仔细观察才发现，那些白色图案居然是一片片图案各不相同的雪花！

影月妈妈告诉她们，早在一百多年前，日本出版过一些雪花手绘图，后来，这些图案引起了更多人的注意，并最终出现在女子的和服上。

"妈妈，刚才我画的衣服上有春天，小菠萝画的衣服上有秋天，这个人的衣服上有冬天。真没想到，浮世绘的衣服里藏着这么多季节的秘密呀！"

听了影月的话，小菠萝忽然认真地说："那还少一个季节，影月，我们去找夏天吧？"

大人们被孩子们的发现和对话逗乐了。"哎哟，真了不起！我相信你们一定会找到的！"影月妈妈笑着说。

4

咔嚓咔嚓剪雪花

从浮世绘展览回来后，影月就迷上了各种有关雪花的绘画和创作。用她自己的话说，她要成为一名"雪花设计师"。一天，在手工课上，老师教了大家一门新的手艺——把一张方形纸张对折几次，再画一些图案，然后用剪刀剪一剪，再展开，就变出了像窗花似的剪纸。

放学回家，影月就迫不及待地要给家人展示她的作品。寒星一看，自己前两年还真没学过这样的剪纸，看来妹妹班上新来的手工课老师手艺不错。

爸爸夸赞过影月之后，忽然问道："你们想不想看妈妈的手艺？"

孩子们平时做手工玩的时候，妈妈也时不时参与进来，跟她们一起剪一些图案，做一些拼贴，不过一般做的都是辅助性的工作，没怎么见妈妈自己专门做手工。孩子们一问爸爸才知道，原来，妈妈在很多年前曾痴迷剪纸，跟着教程学习了各种各样的剪法，然后把那些作品一股脑儿全送给了爸爸。爸爸起身，从储物间的柜子顶上拿出了一个小收纳盒。这个盒子看上去可有些年头了。

"爸爸，这是你的百宝箱吗？"影月问。

"哈哈，可以说是吧，剪纸百宝箱。"

爸爸打开盒子，孩子们发出一阵惊呼。和她们预想的不同，盒子里并不是像民间窗花那样的红色剪纸，而是，普通的白纸剪成的……一盒子雪花！

"咦？这些东西你居然还留着？"刚刚做完饭的妈妈，听到孩子们在客厅的动静，走过来。

"那当然！"爸爸乐呵呵地说。

"妈妈，你教我剪这个吧！"影月从盒子里挑出了一朵看上去不算很难剪的雪花。

"哎呀，我都忘光了！等我晚上找找教程。"妈妈说。

就这样，晚上寒星和影月做完作业之后，和妈妈一起学着剪了几朵形态各异的雪花。妈妈说，她当年无意中从一本书上得知，早在1864年，就有一位女士首创了剪雪花的手艺，并且传授给小朋友们。妈妈觉得非常有趣，就翻找了各种各样的剪雪花教程，跟着剪了一大堆。

"亏得爸爸还保留着这些古董。"妈妈说着，又剪出了一朵更漂亮的雪花。

5

尾声

不知不觉，春天就来了。迎春花、连翘、桃花、杏花、玉兰相继开放，却不料一场连风带雪的倒春寒，又重新把温度拉到了零摄氏度以下。

转过天来，妈妈兴奋地把兄妹俩早早叫起来，说要带他们看一个罕见的景象。刚下楼，影月就发现桃花和杏花好像被拌了白糖，玉兰花则变成了冰激凌甜筒，油松的松果好似巧克力奶油蛋糕，悬铃木的果子变成了白头发、白胡子的圣诞老人。

人行道两边的树上被覆盖了一层薄薄的白雪，但马路上却如同下过雨一样，泥泞潮湿，雪水急急忙忙流向排水井盖，空气中充满了湿润泥土的味道——春雪的味道。寒星想看看积雪上是否还有雪花，但看来看去，只找到了不规则的冰粒。用手捏起一点儿蓬松的雪，瞬间就化得无影无踪。

"我家乡的春雪，就是这个样子呀。"妈妈感叹道，"小时候，春天会下好几场雪，落在地上就融化了，甚至汇成千条万条的小溪，都向河谷流去。那时河水也很丰盈，一路欢唱着卷起浪花，流向西边的大湖。用不了多久，树林草地就会迅速地绿起来，然后就是满地野花的春天啦。"

"我喜欢春天！"影月说。可是话刚出口，她就有点儿后悔了，自己不是要做雪花设计师吗，那应该更喜欢冬天才对呀。

"春夏秋冬四季，我都喜欢。"寒星说，"春天可以找到很多野花，夏天可以爬山捉虫子，秋天可以收集漂亮的树叶，冬天当然最期盼下雪啦！"

"哦，对。"影月随口应着，心里忽然感到美滋滋的。是啊，因为有了对雪花的熟悉和迷恋，连北方漫长的冬天都让人充满了期盼。

补充注释

① **玻片** 用显微镜做观察时所使用的透明玻璃片。常见的玻片尺寸为：长度 76 毫米、宽度 26 毫米、厚度 1 毫米。P56

② **滤光片** 一种光学器件，能够选择性地透射不同波长的光。P58

③ **行星运动三定律** 德国天文学家开普勒提出的关于行星运动的三大定律，分别描述了行星的轨道形状、运动速度变化规律及轨道周期规律等，使人们对行星运动的认识有了较为清晰的概念。P62

④ **原子** 构成自然界各种元素的基本单位。原子由原子核和核外电子组成。P64

⑤ **分子** 物质中能够独立存在并保持该物质物理化学特性的最小单元。分子由不同数量的原子构成。P64

⑥ **晶格** 为了形象地表示晶体内部原子或分子等的几何排列规律，人们以假想的线将其连成空间点阵形式的结构单元，称作晶格。不同晶体内部具有不同的晶格结构。P66

⑦ **液氮** 液体状态的氮，为透明液体，通常储存于专用容器中，在医学、食品等领域用作冷冻剂，在物理学等领域用于低温实验及研究。P115

⑧ **浮世绘** 日本江户时代兴起的一种独特的风俗画，主要描绘人们的日常生活和风景等，常见的浮世绘作品为彩色印刷的木版画。P136

图书在版编目（CIP）数据

仰望天空的少年. 去北方看雪 / 王燕平, 张超著；陈日红绘. -- 北京：北京科学技术出版社, 2025. 3
ISBN 978-7-5714-3604-9

I. ①仰… II. ①王… ②张… ③陈… III. ①天文学－少儿读物 IV. ①P1-49

中国国家版本馆 CIP 数据核字 (2024) 第 025263 号

策划编辑：郑先子
责任编辑：郑宇芳
责任校对：贾　荣
封面设计：陈　慧
图文制作：陈　慧
营销编辑：赵倩倩
责任印制：吕　越
出 版 人：曾庆宇
出版发行：北京科学技术出版社
社　　址：北京西直门南大街 16 号
邮政编码：100035
电　　话：0086-10-66135495（总编室）
　　　　　0086-10-66113227（发行部）
网　　址：www.bkydw.cn
印　　刷：北京顶佳世纪印刷有限公司
开　　本：700 mm X 1000 mm　1/16
字　　数：100 千字
印　　张：9.75
版　　次：2025 年 3 月第 1 版
印　　次：2025 年 3 月第 1 次印刷
ISBN 978-7-5714-3604-9

定　　价：48.00 元

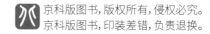